COLD BREW
冷萃咖啡

COLD BREW
冷萃咖啡

掌握精品咖啡新潮流的基本方法，
從挑豆、研磨、基本器材到萃取，

———— 進一步 ————

創新花式咖啡、調酒及甜點
的經典不敗配方

 積木文化

目錄

序

是的，冷萃咖啡，一般說到冷萃咖啡，大概會覺得都是些文青在喝，他們可能套著法藍絨襯衫、留點鬍子、身上有刺青，或者是低調不願追隨流行的人，可能是獨立樂團的鼓手，騎著單速車。事實上並不盡然，冷萃咖啡已經融入精品咖啡風潮之中，具有咖啡文化最迷人的所有元素：精細講究的器具設備、慢工細活的精釀方式、追求完美的手作職人精神，再加上一張張在 IG 中瘋傳的迷死人的咖啡照片。這樣看來，咖啡和它所包含的一切，其實已可說是代表了一種新的生活風格，而冷萃咖啡是其中的耀眼新秀。

再進一步細究冷萃咖啡，除了表面上看起來的文青風生活方式之外，這裡面還有什麼值得我們深入探索的事呢？

你應該很難不注意到，現在的咖啡館、餐廳，乃至酒吧、夜店，都賣起冷萃咖啡了，過去對於咖啡稍微講究的人會來上一杯白咖啡（flat white），不然就是點手沖單品，但現在他們都開始喝冰涼清爽的冷萃咖啡了。

或許你現在還不大明白冷萃咖啡到底是什麼，我們知道你也並不想每次去咖啡館都喝冰拿鐵，這本書就是要讓你了解什麼是冷萃咖啡！

我們將帶你認識目前最熱門的咖啡新趨勢，深入完整了解冷萃咖啡的風貌，我們也將告訴你相關的知識、技巧和器具，讓你能完全掌握，進而成為冷萃達人。

你將會像那些專業咖啡師一樣，擁有大量的咖啡專業知識，並像個咖啡老饕一樣，正確選購你喜愛的咖啡豆；你不僅可以隨心所欲地做出各種好喝的冷萃咖啡，還會知道你的咖啡搭配其他飲料或調酒會有多麼好喝。

現在，捲起你的法蘭絨襯衫袖子，讓我們開始這場冷萃咖啡的探險吧。

為什麼是
冷萃
咖啡？

或許你知道冷萃咖啡大概是什麼樣子，也早就喝過了，但卻還不熟悉冷萃咖啡的做法或相關知識，來吧，現在正是時候了解為什麼大家都在瘋這一味。

走進附近的咖啡館一看，你會發現冰箱裡擺滿了神祕的玻璃瓶，散發著迷人的色澤，充滿了誘惑，是的，這就是冷萃咖啡。不管在咖啡廳或餐廳，甚至超市，都能看到冷萃咖啡的蹤影。

在本書裡，我們將介紹冷萃咖啡的各種專業技巧和相關器具，你馬上會成為冷萃咖啡的大師，不僅走在趨勢的最前端，也能做出自己專屬的風味，更能進一步精通和活用冷萃咖啡的相關技巧和祕訣，結合其他飲料或調酒，讓冷萃咖啡更有趣、更與眾不同。

對一般人來說，這不過就是一杯日常平凡的咖啡而已，但是呢，這看來平常無奇的冷萃咖啡其實還能變化出多種不同的樣貌與風味。

在夏天裡來上一杯冰涼的咖啡，這樣就滿足了嗎？明確地說，冷萃咖啡絕對不僅如此而已，想像著你面前放了杯冰涼的飲料，晶瑩剔透的小水珠凝結在杯上，沿著杯壁緩緩滑落，杯子上還搭著一小片檸檬裝飾著，空氣中飄散咖啡釋放出的淡淡芬芳，一股沁涼感從杯中陣陣冒出直達心底，天啊！這就是真正的冷萃咖啡。當你開始精通基本技巧，慢慢地你將能掌控自己的咖啡風味，很快你就會像職業咖啡師或調酒師一樣，萃取出完美的咖啡，並將這風味帶入其他飲品或調酒之中。

你也會像魔術師一般，只要晚上在冰箱裡冰上一瓶，隔天加上熱水就瞬間變出你的早晨咖啡；各個不同產區的單品咖啡豆也能充分為你所用，你將輕易知道哪個產區哪種風味的豆子，和哪種食物或哪杯調酒最速配。

一旦掌握了幾個小訣竅，你將明白冷萃咖啡的世界裡蘊藏著無窮的可能性。

冷萃咖啡
到底是什麼？

我們經常可以喝到冰咖啡（iced coffee），但其實冰咖啡並不等同冷萃咖啡（cold brew）。大家都知道在上一個咖啡世代中，冰咖啡非常受歡迎，不管是加了糖、鮮奶油，或是調味糖漿，各式各樣的冰咖啡都是連鎖咖啡店裡不可或缺的明星商品，但這些都不屬於冷萃咖啡。冰咖啡通常是以義式咖啡機萃取，由熱的濃縮咖啡為基底加上冰塊，再調製成你喜愛的各種口味。而我們心心念念的冷萃咖啡，則一定是用冰水所萃取出的，和一般冰咖啡完全不同。

以冰水或冷水製作咖啡，最早可追溯至日本，一般稱為「京都風咖啡」（Kyoto-style coffee），以冷水萃取咖啡的方法在當時的京都非常盛行，所以因此命名。早從 17 世紀開始，日本人便已開始利用冷水搭配不同的冷萃手法來沖製咖啡，他們會用濾泡或滴漏的方法，這樣的萃取方式和手法流傳演變至今，就出現了像是時下最潮、設計如同精品般的冰滴咖啡壺。

一般認為最早開始想出冷萃方式的是荷蘭人，後來才輾轉傳到了日本。當時荷蘭人會從殖民地印尼將咖啡運回歐洲，因船上沒有熱水而發明了冷泡咖啡的方式。有趣的是當時的人認為冷咖啡較為溫和不傷胃，但並不知道是因為熱水會萃取出較多咖啡中的酸性物質，而冷泡的咖啡相較之下則沒那麼酸。

冷萃咖啡直到近幾年才開始在美國漸漸風行，於是大家知道原來咖啡不一定要喝熱的，以冷水浸泡或滴漏的方式，同樣能萃取出好喝的咖啡。至於歐洲呢，可能要再過一陣子他們才會開始愛上這股咖啡新勢力。

冷萃咖啡興起的主要原因有兩部分，一部分由於年輕世代比較喜歡溫和風味的咖啡，對於傳統濃縮咖啡的接受度較低；另一方面溫和的咖啡也較符合健康、養生的概念，而冷萃咖

啡酸苦味較低，且帶有溫和的甜味，這代表冷萃咖啡無須再另外加糖或乳製品來調和味道，可以在最自然最無負擔的狀況下飲用。不管你喜不喜歡這個理由，冷萃咖啡的風潮可說是剛好搭上了現在大家都很重視的健康概念。

隨著冷萃咖啡愈來愈受歡迎，我們可以發現愈來愈多相關商品正加緊裝瓶上架，以鎖定咖啡愛好者的荷包，其中氮氣咖啡（nitro cold brew）是最新的品飲方法，注入液態氮使咖啡出現細緻的氣泡，就像濃烈的黑啤酒，而且咖啡質地也會變得相當柔順平滑，口感像是加了奶油一樣。

冷萃咖啡
有何厲害之處？

我們先來看看冷萃咖啡有什麼好處，摒除你對冷萃咖啡的所有疑慮，讓我帶你愛上冷萃咖啡吧。

或許你曾想過，為什麼要這麼費事弄冷萃咖啡呢？早上喝杯熱的不好嗎？還是大家早就不喝熱咖啡了？難道每天早上的咖啡不是放在裝果汁的玻璃瓶裡，你就會變成邊緣人了嗎？

當然不是，事情完全不是這樣，除了目前的潮流之外，還有更多冷萃咖啡受歡迎的理由。我們先從科學的角度來比較，看看冷萃咖啡和一般熱咖啡到底有什麼差異。

我們都知道，咖啡在愈高溫度下溶出的成分愈多；一般來說，沖煮咖啡最適水溫介於 90.5~96℃ 之間，但冷萃咖啡的水溫卻遠低於這個數值，因此，為了得到較為接近的萃取率，我們要將咖啡粉與水的接觸時間拉長。

低溫下萃取咖啡，雖然需要較久的時間，但這樣的過程能夠大為降低酸度（acidity）與苦澀味，使得風味更加甘甜醇厚，不僅如此，這樣低溫冷萃而成的低酸度咖啡，不但可以保護牙齒的琺瑯質，也比較不傷胃。

反過來說，冷萃咖啡較不酸的特性，同時也正是它的缺點，怎麼說呢，如果豆子本身調性就是偏酸，冷萃就難以帶出完整的風味。再者，每個人對於咖啡風味的喜好不同，有的人就是喜歡那帶酸的味道，所以不愛冷萃咖啡的人，最常見的就是衝著這一點——它喝起來不夠酸。

先撇開咖啡的酸度不談，至少，自然甘甜香醇的冷萃咖啡，比起又酸又苦而且逼得你非要加糖加奶才喝得下去的咖啡要來得更好吧。

另外相較於一般熱咖啡，很多人會說冷萃咖啡的咖啡因（coffine）含量較低，這點其實難以證明；事實上，的確有許多數據指出，冷萃的咖啡因含量比一般熱咖啡更高，是的，很難懂吧，咖啡因的多寡一直是個熱門話題，要探討這個問題，我們首先要知道影響咖啡因溶解度的變因很多，不單純只是水溫或時間而已。

理論上來說，冷水能夠萃取出的咖啡油脂和化合物較少，當然咖啡因也會較少，所以冷萃咖啡就被歸為咖

啡因較低的飲料。不過考慮到萃取時間那麼長，當然也應該會溶出更多的咖啡因，其實萃取時間與溫度的變化差異，是很難精細計算的，如果還要再把研磨刻度等其他因素一併考量，那更是難上加難，因此咖啡因多寡這問題目前尚無定論。

冷萃咖啡的另一個好處是它很新，代表著一種喝咖啡的新方式和新感受，你愛怎麼喝就怎麼喝，想用什麼喝就用什麼喝，完全沒有限制，更不會有人告訴你應該要怎麼喝。

對於喝咖啡這件事，我們本身的心態和認知也是相當微妙的，舉例來說，咖啡難道不應該是隨時都能喝的嗎？但為何我們老是把喝咖啡當作是早上才能做的事情？簡單來說，冷萃

咖啡就完全不受限，我個人是不會特別把冷萃咖啡看做是咖啡，也不會歸類成哪一類的飲料，它就是現在討論度最高的熱門飲品。

也就是說，冷萃咖啡和現有的咖啡選項是不同的概念，我們一般所說大概就是黑咖啡或拿鐵這類的，冷萃咖啡既是咖啡，也可以當成冷飲或製作成其他飲料，或許你喜歡喝傳統加牛奶的咖啡，但你喝到冷萃咖啡時，你會發現它是如此的香醇滑順，不需再加其他東西，瞬間你就能品嘗到咖啡豆的芬芳。

冷萃咖啡不只美味健康，同時也是好喝的飲品，充滿了無窮的魅力和市場潛力，這麼厲害，有誰能跟冷萃咖啡說「不」啊。

為什麼要自己做
冷萃咖啡？

講到這裡，或許你會覺得奇怪，為什麼冷萃咖啡要自己在家裡弄來喝呢？路上的咖啡館不都有在賣嗎，為何不去買瓶由專業咖啡師做好的呢？

其實呢，自己製作冷萃咖啡最酷的地方就是，只要你開始做了第一杯，就會接著做第二杯、第三杯，你會把大大小小、瓶瓶罐罐的冷萃咖啡塞滿冰箱，當然，你待在廚房的時間也會愈來愈多，早晨你會在廚房裡利用冷萃完成的咖啡濃縮液做出不同的咖啡；你也會將冷萃咖啡加進食物裡，為早餐增添風味；午後時分你也會幫自己倒杯冰涼的咖啡來提神醒腦；到了晚上你會以一杯咖啡調酒為一天畫下微醺的句點。唯有自己在家做，才能夠時時刻刻享受到冷萃咖啡的動人滋味。自己製作冷萃咖啡真的是太棒了，不僅輕鬆簡單，又能調配出自己專屬的風味，再想想你可以省下多少在外面買咖啡的錢，用來買優質的咖啡豆和冷萃器具，然後讓自己做出一杯杯新鮮好喝的咖啡，這何樂而不為呢？

在咖啡的世界裡，最重要的永遠是咖啡的味道，由於咖啡風味的喜好非常主觀，如果能依自己喜歡的風味調製出咖啡或飲料，這真的是太酷了！一旦你能做出專為自己量身打造的冷萃咖啡，從此就再也不用擔心外頭買回來的咖啡好不好喝、合不合口味了。最後，還有很重要的一點，一旦成為了冷萃咖啡達人，那種成就感和幸福感，是任何東西都比不上的，而且你會發現生活變得更為精彩豐富，朋友也會迅速增加，因為大家都超想喝你親手冷萃的咖啡或飲料。

自己的
咖啡
自己做

此刻，你已經決定好要自己做冷萃咖啡，是的，這是件再也正確不過的事了。不過，咖啡可是一門學問，沒想像中那麼簡單，我們都知道沖煮咖啡需要精準的計量、純熟的技巧，甚至還要有高科技的專業工具等，別急著想那麼遠，我們先來看看冷萃咖啡的基本器材和萃取方法吧！

咖啡冷萃的方式有好幾種，選擇的重點是貼近你的生活習慣，如果買了不適合的工具，那你可能很快就會放棄。又或者你是因為看上冰滴壺的美麗外表而入手，但其實根本沒有時間跟耐心去做這種細工，最終這造型迷人的冰滴壺也只會淪為高貴的裝飾品而已。同樣的，如果你是一個細心又喜歡享受美感的人，那麼一般普通的濾杯濾紙，就不會是你的菜了。

如果你對於冰滴壺一點也不著迷，也不喜歡平淡無奇的浸泡式萃取，那也不用擔心，還有日式冰鎮的萃取手法或許符合你的喜好。

當然，選擇製作方式還需要多方考量，不同的萃取方法會將其不同的特質傳達到咖啡裡，例如，要是你偏愛風味明亮、層次豐富的咖啡，那浸泡式萃取法也許就不大能做到這點。然而，如果你買的豆子本身就是酸味很明顯或苦澀感較多，浸泡式萃取法正好可以使咖啡的風味變得稍微柔順平滑一些，且能降低咖啡的酸味。

到底冷萃咖啡要怎麼萃取最好？簡單來說，這沒有一定的答案，咖啡是沒有公式的，世界上沒有一個簡單而正確的模式可以告訴你何種方式最適合什麼咖啡。最高明的對策是你在多方嘗試和探索之後，找出自己最喜歡也最舒服的萃取方式，同時，在這過程中，你也會找到屬於你自己的味道。

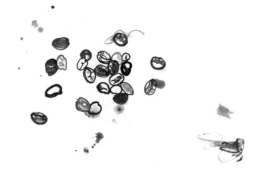

冰滴法

說到冷萃咖啡，一般人馬上會聯想到的應該就是冰滴法（cold drip method），理由很可能是在咖啡館看到的華麗冰滴壺（drip towers），看似複雜但設計精巧，散發著迷人的光芒，咖啡液蜿蜒濾滴的畫面更是充滿了戲劇感，實在讓人很難不去注意到它們。

目前市面上有多種品牌不同造型的冰滴壺，但工作原理其實都一樣，主要是先將冷水或冰水放置在上方的壺座內，接著讓水經由濾滴器，一滴一滴的滴漏至下方的咖啡粉槽，粉槽底部通常都有濾網或者濾紙，從這層濾網所濾滴而出的液體，就是萃取過後的咖啡了。

冰滴法的原理即是利用水滴落的重力將咖啡粉充分浸潤，過程中將會緩慢地萃取出咖啡粉裡的油脂和風味。這種方式比一般熱咖啡的製作時間要久，但比起後面會介紹到的浸泡式萃取法更快速一些。整個過程大概需要 3~8 小時，稍微注意一下即可完成你的冷萃咖啡了，有的冰滴壺還可以調整水的流速，好處是我們可以稍微掌控一下整個萃取時間。

相對而言，冰滴法在製作時咖啡粉與水的接觸時間不算太長，而且經過過濾，因此完成的咖啡通常較為清爽，不會有過於厚實的口感，尤其跟其他的方式比起來，算是偏清淡的，有時會讓人覺得像是在喝茶一樣。通常，採冰滴法製作的冷萃咖啡喝起來酸味和苦味都會較低。

對於喜歡冰滴咖啡那種緩緩滴漏的工藝氛圍，且同時咖啡口味較為清淡的人，冰滴法是最完美的選擇。

製作方式

首先準備一個冰滴咖啡專用的冰滴壺，一般的咖啡壺可是不行的，因為專門的冰滴壺才能調整水量滴漏的流速，這一點是相當重要的，如果沒有冰滴壺，那麼不妨先試試下一章節所介紹的冷泡式萃取。

接下來要準備咖啡粉了，粉量的多寡取決於冰滴壺的大小，一般來說，冰滴法的粉水比大約是 60~70 公克的咖啡粉，會使用 1000ml 的水，所以，如果你想萃取出 500ml 的咖啡，你會用上 30-35 公克的咖啡粉。

先秤好你的豆子，然後研磨，先以一般中刻度研磨，或中粗研磨，之後再逐步做調整，記得豆子不要太早磨好以免新鮮度流失。

　　將磨好的咖啡粉放入上壺和下壺之間的咖啡粉槽，咖啡粉要盡量平整。這裡有個小技巧，我們可以在咖啡粉層上面再放一張濾紙，如此可使咖啡粉較為均勻完整的濕潤和萃取。

　　接著取適量冷水加進上壺，如果滴漏流速是可以的調整的話，先將流速調至大約每 2 秒鐘 1 滴水，然後就可以開始來冰滴咖啡了。滴漏萃取的過程中，你可以去做其他的事情，不用一直守著冰滴壺，但要不時回來確認一下流速和粉槽濕潤的狀態。

冰滴完成的咖啡，如果覺得太淡或有點酸，下次豆子可以稍微磨細一點，增加咖啡的萃取度，反之亦然。如果覺得太濃，那就設定粗一點。此外，也可利用粉水比例來調整，有些豆子可能需要使用較多份量。

冷泡法

冷泡法（immersion method）在冷萃咖啡的萃取方法中，算是較為簡便、樸實的。相較於器材精美講究、一擺出來就迷死人的冰滴壺，冷泡法可是非常親民，而且簡單實惠多了。但千萬別因此小看它，醜小鴨也是會變成天鵝的。一般冷泡法的咖啡壺在市面上有很多可以選購，但冷泡法的特點即是它不需要特定的咖啡壺，幾乎在家隨手拿個容器即可開始冷泡，甚至一般上班族在辦公室就可簡單自行製作冷萃咖啡了。

冷泡法也是現在最流行最多人使用的咖啡冷萃方法，我們在咖啡店裡看到的那些包裝精緻、一瓶瓶完美呈現在架上的冷萃咖啡，很多都是以冷泡法製作出來的冷萃咖啡。

將咖啡粉完整浸泡數小時，一般約為 6~24 小時，以濾紙或濾布濾掉咖啡渣之後，倒出來的就是一杯香醇味美的冷萃咖啡了。而且冷泡式萃取輕鬆簡單方便，把咖啡粉浸泡好後就可以去做別的事啦，幾小時後回來或睡一覺隔天醒來，你的冷萃咖啡就好啦。

由於冷泡法的萃取時間可以調整至稍長一些，因此，一般來說這個方式較適合喜好香氣醇厚而均衡、口感偏甜而溫和的人。這種方法可以過濾掉咖啡多餘的雜味，讓味道更乾淨明亮，但風險是某些風味也可能因此消失。冷泡法和冰滴法一樣，對於咖啡的酸味和苦澀感有柔化作用

冷泡法的浸泡時間一直是大家討論的話題，各門各派有不同的看法，一般都是至少要在 6 個小時以上，但也有人認為，一旦冷泡時間超過 6 小時，這樣反而是過萃了，此時的咖啡風味就會打折扣。在此建議，先以幾個不同研磨度搭配不同浸泡時間，多試個幾次，如此便能找出自己最喜歡的冷泡時間長短。

大致來說，浸泡式的這種萃取方法較適合的族群是，喜歡咖啡風味鮮明，香氣簡單而明亮的人，以及希望能夠輕鬆製作冷萃咖啡的人。

製作方式

　　冷泡法最讚的地方在於它的便利性，幾乎任何容器都能拿來冷泡咖啡呢！使用的粉量和冰滴法的粉量差不多，咖啡粉水比大約是 60g~70g 咖啡粉和 1000ml 的水。

　　冷泡法的豆子研磨刻度可以適時依照我們的浸泡時間做調整，一般是介於在中粗到中細之間，浸泡時間愈短，咖啡豆通常就會磨得較細，如果浸泡時間會到 24 小時，那磨豆刻度便要設定得粗一些，以免咖啡過度萃取，味道會變得非常濃烈。

　　先將磨好的咖啡粉放入浸泡容器中，接著再倒入依比例量好的水量。

咖啡粉完全浸泡在水中之後，將容器蓋好關緊就可以，接著就是等待了，一般約是 6~24 小時就可完成。

另外，我們要準備一個裝咖啡液的容器和濾網，當浸泡時間到了，我們就可把萃取完成的咖啡濾出來。

你可以用 HARIO V60 濾杯搭配濾紙，或是直接以濾網來過濾，在過濾時也可以多濾個幾次，風味會更明亮，但這樣有時也會讓咖啡的厚實感降低。完成的咖啡可以用玻璃瓶，或任何其他容器盛裝。

以冷泡法製作的冷萃咖啡，若想要增加酸味，在冷泡前可先用熱水悶蒸（hot water bloom）一下，風味會略為不同。準備 100ml 的熱水，水溫不要高於 95℃，咖啡粉放好後，先倒入 100ml 的熱水，此時咖啡粉會開始冒出氣泡，代表咖啡粉中的二氧化碳開始釋放出來，悶蒸約 1 分鐘後，再倒入其餘冷水，讓咖啡開始浸泡冷萃。

另外要注意的一點是，很多人在喝冷萃咖啡時會加點冰塊稀釋，所以如果習慣加冰塊，那浸泡的粉水比可以稍重一點（見 34 頁），這樣加入冰塊後的咖啡濃度會比較適中。

日式冰鎮法

如果要嚴格來說，日式冰鎮法（Japanese-style method）其實不能算是冷萃咖啡的正統萃取方式，因為這種方法不使用冰水或冷水，而是用熱水萃取咖啡。儘管如此，因日式冰鎮法萃出來的咖啡，在風味上跟一般的熱咖啡截然不同，所以我們還是把這個方式歸類為冷萃咖啡。日式冰鎮法的特點是非常能夠帶出咖啡豆本身的風味，而且這種萃取方法也很簡便，是冰滴法和冷泡法之外的極佳選擇。

日式冰鎮法和一般常見的手沖咖啡很像，都是先在 Hario V60 或是 Kalita Wave 系列這樣的手沖濾杯中放入濾紙和咖啡粉，然後倒入熱水沖泡萃取，出來就是熱的手沖咖啡了。冰鎮法的不同之處，是在濾杯下方盛裝咖啡液的容器中先放進冰塊，這樣手沖熱咖啡會立即冷卻成為冰咖啡，這個冰鎮的動作除了冷卻外，同時能將咖啡的香氣和風味完整保留。

用熱水充分萃取的熱咖啡，會釋放出咖啡因、單寧酸和多種芳香物質，這些物質遇上冰塊時，就像是在瞬間被鎮住一樣，因此冰鎮這個手法能夠大量保存咖啡的香氣和味道。冰鎮法製作的冷萃咖啡，很像是一般我們在喝的手沖咖啡，層次豐富且風味十足，只不過這杯手沖是喝冰的，不是熱的。因此，冰鎮法這種方式，非常適合原本就喜歡喝手沖咖啡的人。要注意的是，因這個方式事實上是用熱水來萃取咖啡，所以通常咖啡的酸味也會較為明顯一些。

總之，如果你偏愛風味明亮豐富的咖啡，且希望很快就能完成冷萃咖啡，那麼冰鎮法會是你的最愛。

製作方式

就和手沖咖啡一樣，先準備一個咖啡容器和濾杯濾紙，或用 Chemax 這個牌子的手沖濾壺也行，在濾杯裡先放好濾紙，用熱水先將濾紙濾杯稍微沖濕，再將濾杯裡剩下的水倒掉。

冰鎮法的粉水比是 60g~70g 的粉量，用上 1000ml 的水，如果你想萃取 500ml 的咖啡，那咖啡粉量就是 30g~35g 之間。但是要注意一點，所謂冰鎮法會用到冰塊，即有將近一半的水量是用冰塊代替，以 500ml 的咖啡來說，就是用 200g 的冰塊，再加上 300ml 的熱水。先準備好 200g 的冰塊放進最下層的咖啡壺裡。

將磨好的咖啡粉放入濾紙中，接著就要準備注水了，請記住，一般沖泡咖啡的熱水溫度不可過高，如果是才剛煮沸，要稍微放置冷卻一下。

　　準備好 300 ml 的熱水之後，開始注水，首先，輕柔地倒入一點點水，讓濾紙上的咖啡粉均勻濕潤即可，這就是悶蒸，能使咖啡粉吸取水分，如此可讓後續的萃取更完整，悶蒸的時間大約在 30 秒 ~45 秒之間。

閱蒸完成後，開始注入剩下的熱水，注水時以濾紙中心點為圓心，用畫圈的方式慢慢注入，當熱水全部濾滴完冰塊也溶化後，咖啡就完成了。

濃縮法

簡單的說，濃縮法（concentrate method）其實就和之前所介紹的冷泡法是一樣的，不同之處在於水量和咖啡粉量的比例。

濃縮法雖然與前面介紹過的冷泡法手法大同小異，但還是值得在此特別說明。因為濃縮法製作的咖啡，不僅是冷萃咖啡而已，還是種有魔法的冷萃咖啡，透過濃縮法而萃取到的咖啡濃縮液，可以搭配其他飲料，調製出風味絕佳的咖啡飲品。當你找出濃縮法的夢幻配方後，你會覺得這樣的冷萃咖啡是世上的無價之寶，如此好喝又好用的咖啡，永遠也不嫌多。

我們可以把濃縮法看成冷泡法升級後的進化版，顧名思義，濃縮法就是很濃厚的冷萃咖啡，濃縮法所萃取出的我們稱為咖啡濃縮液，它的風味也正如冷泡法的咖啡，酸度偏低，風味香醇有厚實感，有點像是糖漿的概念。這咖啡濃縮液不僅好喝，其用途更是廣泛，我們可以將它看成是冷的義式濃縮咖啡（espresso），咖啡濃縮液可以當作任何咖啡的基底，可以加牛奶或鮮奶油來喝，或是直接加點熱水，就成了我們早上一定要來一杯的美式黑咖啡。

濃縮法萃取出的咖啡濃縮液，也因為它濃、純、香的特性，成了美食和調酒不可或缺的重要元素。咖啡濃縮液能直接加到各種餐點或飲料裡，不需再另外特別調整原有的比例或配方，就是這麼簡單直接方便。

如果你是有實驗精神、喜歡探索新風味的廚師，或者希望你的冷萃咖啡能再多點變化，那麼濃縮法對你而言再適合也不過了。

製作方式

基本上，濃縮法和浸泡法是相同的，但就是會比較濃一些。一般在使用濃縮法時，咖啡粉水比我們會保持在 1：8 左右，舉例來說，如果我們的咖啡分量是 60g，那我們的水量就會用到 480ml。

既然是和浸泡法相當的作法，那麼濃縮法的磨豆刻度也一樣從中粗開始。

準備好咖啡容器，加入咖啡粉和冷水，萃取時間一樣也是在 6~24 小時之間。

當你覺得萃取出來的咖啡濃縮液味道差不多了，就可以把咖啡濾出來了，這裡可以先用濾網過濾一次，然後冷藏保存前用濾紙再濾一次。萃取

完成的咖啡濃縮液非常好用，如果你想喝熱的黑咖啡，就以 1:1 的比例加入等量的熱水，或是把它當成你的獨家配方，適時在烹飪或調酒時使用。

果乾冷萃法

你家廚房櫃子裡可能存放著不少咖啡豆，但我敢說你家裡絕對沒有咖啡果乾（cascara）這種東西，甚至很多人聽都沒聽過，若是如此，那實在是太可惜了，因為咖啡果乾是種非常奇妙而且味道豐富的咖啡產物。

到底咖啡果乾是什麼？我們都知道咖啡豆是咖啡樹的種子，咖啡樹的果實看起來像櫻桃，因此，有人稱之為咖啡櫻桃（coffee cherry）。將咖啡櫻桃的果皮和果肉去除，裡面的種子經過處理之後，才是一般我們印象中的咖啡豆。這些清理掉的果皮果肉通常是丟棄不用，或當成肥料，但其實這些果肉是可利用的，乾燥處理後的紅色咖啡果肉，就是我們所說的咖啡果乾。雖然並不常見，也不容易買到，但絕對值得去找找。

就和咖啡豆一樣，咖啡果乾的味道取決於它的產地，沖泡後的風味並不像咖啡，反而比較像茶，通常帶有葡萄乾和柑橘的味道。一般我們會以冷泡法的方式處理咖啡櫻桃，如此可以萃取出風味很棒的咖啡果乾茶。

就算我們再愛喝咖啡，也不可能每天只喝咖啡不喝別的，這時屬於暗黑系咖啡的果乾茶就提供了不同的選擇，就像咖啡花茶一樣，風味相當特殊，也可用在餐點或調酒中，能夠增添奇妙的風味。咖啡果乾茶跟雪莉酒的味道很搭，也可加入甜點之中，會有很棒的效果，用到伯爵茶的甜點，也可試試以咖啡果乾來代替。

咖啡果乾茶絕對是咖啡之外的另一種好選擇，但要注意，它還是有咖啡因的，而且含量還不低呢。

和朋友或家人聚在一起時，如果大家對咖啡不是那麼有興趣的話，那就來喝喝咖啡果乾茶吧，一定非常好玩的。

製作方式

冷泡咖啡果乾非常簡單，就像在泡花果茶一樣，最難的是要買到咖啡果乾！可能請生豆商代為訂購。有了咖啡果乾，其他都不是問題。

製作咖啡果乾茶只要準備好 60g 的咖啡果乾和 500ml 的水，放入冷萃壺裡大約 12~24 小時，然後將茶液濾出，加點冰塊就可以飲用了。

　　如果想要做成濃縮咖啡果乾茶，以便在調酒或餐點中使用的話，也非常簡單，只要將水量減少一半即可。如果你是個喜歡嘗試新花樣的人，那也可試試看這種瘋狂的做法，抓一把咖啡果乾，直接加入琴酒、伏特加或是波本威士忌中，放個一夜，隔天再將果乾濾掉，那麼這瓶酒的風味就會變得相當特別，可以用來加進你喜歡的其他飲料中。

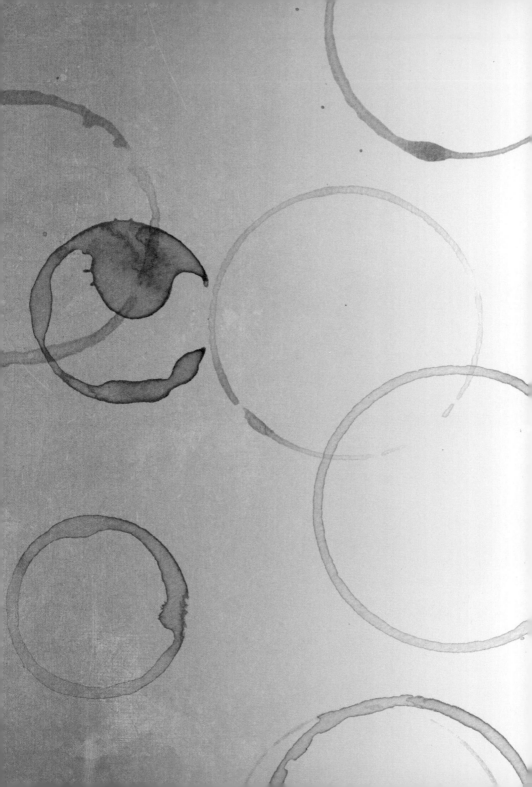

咖啡冷萃

必備
密技

現在的你對於製作冷萃咖啡已經愈來愈上手了，很快地，你會愈來愈熟練，我知道你很有成就感，現在請準備好，下一階段的挑戰馬上開始。

接著我們要開始精益求精，要把每一個細部流程做到完美，才能造就一杯無懈可擊的冷萃咖啡。首先，正確理解咖啡冷萃的原理十分重要，若你希望每天都有好喝的冷萃咖啡，在動手前記得先動動腦。

如果你平常會自己手沖咖啡，那你應該懂得，咖啡萃取的每一個步驟都非常重要，如果你還不能夠體會這些，那也沒關係，因為接下來有非常實用的密技要告訴你。

每個人都對自己的冷萃咖啡充滿熱情和自信，不但覺得很好喝，也認為自己每次都能萃出一樣的好咖啡。但是，討厭的來了，偏偏下次你就失手了，明明流程步驟都一樣啊，為何萃出的咖啡味道會變得不一樣了？

在咖啡冷萃過程中，遵循每個標準流程是很重要的，但能夠了解每個流程所代表的原理和意義，才是做出好咖啡的關鍵。例如，你知道水溫或粉量的變化，會對咖啡產生什麼影響嗎？咖啡冷萃並非一昧追求一致性而變成死板板的公式，能夠適時做出適當調整才是冷萃咖啡的真功夫。

我們都是愛咖啡的人，但愛咖啡不一定等同能夠做出好咖啡，假設現在讓你來選咖啡豆，你會挑哪裡的豆子？挑選咖啡豆只是第一步而已，接著還要能辨別不同豆子的風味特性，如此才能在最短時間內做出你想要的冷萃咖啡。還有呢，當萃好的咖啡香氣很足、但口感不夠厚實時，該怎麼辦？或是咖啡酸味太過明顯，整體風味不夠平衡時，又該如何調整？這些都是我們要探討的進階課題。

本書的這個章節，就是要教你如何去應付冷萃咖啡的各種疑難雜症，同時也要教你如何善用手邊的咖啡器具。

如何保存
冷萃咖啡？

　　你現在可能要好好打量一下家裡的冰箱了，之前冰箱都是放食物，不過等你看完這本書，裡面可能會多了很多東西呢。

　　是的，你的冰箱裡即將放滿許多瓶罐，因為冰箱就是冷萃咖啡最好的家，只要保存得宜、盡量密封，冷萃咖啡可以冷藏存放一個星期之久。對於嗜咖啡如命的人來說，這真是個天大的好消息啊，再也不用擔心咖啡一下子就喝完了。

認識咖啡產地

如果你經常光顧連鎖咖啡店，那麼應該不難認出他們的咖啡味道，因為連鎖店的選豆和烘焙手法大概都有既定模式。大部分的人都理所當然的認為，我們平常在喝的就是咖啡應該有的味道，然而事實未必如此。一般的精品咖啡豆，烘焙時幾乎都以中淺焙或淺焙為主，主要就是為了盡量保留豆子本身的風味，不要受到烘焙過程的影響。

咖啡和葡萄酒很相似，葡萄之於葡萄酒，就如咖啡豆之於咖啡。葡萄要看其產地的土壤、氣候、地理環境等相關條件；同樣的，咖啡豆也是如此，不同產地的豆子基本上便決定了這杯咖啡的風味。

現在很多咖啡店家會標榜單品咖啡（single origin，S. O.），或是在咖啡的外包裝上也常看到，代表這是單一產區的咖啡豆，而不是混有其他豆子的配方豆。

另外，季節性（seasonality）也是個必須考慮的重要因素，前面我們說過，咖啡豆是果實內的種子，因此一年之中，各地的咖啡豆會有的不同收成時間。如果你非常注重豆子的新鮮度，那就要多留意哪裡的豆子什麼時候最新鮮、味道最好，這類的資訊也可多問問專業的咖啡商家。

全球各地種植生產咖啡豆的地區其實很多，接下來我們先介紹幾個主要的咖啡產地，這些地區的豆子或許也是你很想品嘗看看的。咖啡其實就是一種水果，是大自然的產物，本身即帶有豐富的味道，而不是只有單一的苦甜或酸味，不同產地的豆子也會有不同的風味。

當你哪天喝到一杯帶有花果香、果酸、堅果，或香料香氣，感覺不那麼像咖啡的咖啡時，相信我，你會開始重新認識並且愛上咖啡。

衣索比亞

說到咖啡產地，一定要先介紹阿拉比卡（Arabica）咖啡豆的原產地——衣索比亞（Ethiopia），非洲大陸的氣候條件非常適合咖啡樹的種植，且一向以生產高品質咖啡豆而聞名。衣索比亞的豆子更是以口感滑順、風味層次豐富而受到許多人的喜愛，這裡生產的咖啡豆帶有柑橘等花果香氣，酸苦均衡且略帶甜味。

以衣索比亞的豆子來做冷萃咖啡的話，味道是相當好的，但在整個冷萃的過程中可能會犧牲掉某些較細微的香氣，建議可先用日式冰鎮法來萃取，之後再逐步調整。

肯亞

肯亞（Kenya）是非洲另一個生產優質咖啡豆的產地，肯亞的豆子常以酸度高且含水果風味的特性而聞名，尤其莓果果香非常明顯。肯亞的咖啡常常可以嘗到黑加侖（black currant）的味道，有時甚至也會有番茄的酸味在裡面。

肯亞的豆子和衣索比亞一樣，推薦用日式冰鎮法來冷萃，但肯亞的豆子偏酸，因此也建議可用冰滴法來試試。

此外，非洲還有一個地方值得介紹一下，就是盧安達（Rwandan），這裡的豆子品質水準卻非常不錯，果酸、果香都有，整體風味相當均衡，但近年卻因為病蟲害出現「馬鈴薯臭味」（potato defect）的瑕疵豆而名聲不佳，只要能避免這個問題，盧安達的豆子是可以買的。

中美洲

中美洲瓜地馬拉（Guatemala）和宏都拉斯（Honduras）所產的豆子味道非常平衡，酸中帶甜，同時帶有水果及可可的香氣，喝起來也是層次相當豐富。非常適合用冰滴法或冷泡法來處理。

哥倫比亞

哥倫比亞（Colombia）的咖啡豆通常風味都相當豐富，香甜酸苦兼具，也常常帶著焦糖和堅果的香氣。

基本上，任何一種冷萃方法都很適合哥倫比亞的豆子，主要還是取決於你想喝到怎樣的風味，使用冷泡法的話，咖啡風味會較香甜醇厚；冰滴處理的話，整體風味則是輕盈明亮；如果想喝果酸味重一點的，日式冰鎮法可帶出它的酸度和更多的風味。要萃成咖啡濃縮液，哥倫比亞也是很好的選擇。

巴西

　　巴西（Brazil）是咖啡生產量非常大的國家，但整體來說，巴西的咖啡品質並不算十分突出，有些產區的豆子只能算是普通，但當然也不乏品質優良的莊園豆。另外，巴西的咖啡豆在採收後的生豆處理程序上，一般都做得相當完善，所以整體風味也算相當不錯，巴西的豆子常會有可可、堅果、香料的香氣。

　　巴西的豆子和冷泡法非常速配，而且非常推薦冷萃成咖啡濃縮液來使用。

巴拿馬

　　說到巴拿馬的咖啡，那一定要提一下藝妓（Geisha）這支極品豆，藝妓豆種源自衣索比亞，引進巴拿馬栽種後，風味出奇的好，是現今咖啡豆裡的天豆呢！藝妓帶有桃李、柑橘等香氣，果酸豐富，也有蜂蜜的清甜，兼具南美洲和非洲咖啡豆的特質。天豆的味道就等你自己嘗看看吧。

　　巴拿馬藝妓要來做冷萃咖啡的話，那日式冰鎮法絕對是首選。

咖啡豆的選購

　　俗話說的好，一分錢，一分貨，如果你想要做出理想中好喝的冷萃咖啡，那就應該選擇購買好一點的豆子。

　　即便你對世界各地所有豆子的特性都如數家珍，最基本也最重要的，還是要先找出你自己喜歡的味道是什麼，然後針對你喜歡的風味，找出合適的咖啡豆與適用的萃取方式。重點是，如果你用了品質較差的豆子，那萃出來的咖啡應和你的標準會有一段落差，這道理就好比你不會用烤焦的麵包和發霉的起司來做三明治，對吧？再來，就算買了夠好夠新鮮的豆子，但如果烘焙度太淺或太深，或是火候不夠一致，那也不行，這樣的冷萃咖啡也不會好喝。

　　因此，在目前這個階段，多試試不同的豆子是很重要的，不同的產地、不同豆商、不同的烘焙度等等。不只如此，接著還要再試試到底日曬和水洗等不同處理法的豆子，其風味差異在哪，畢竟，每個人喜愛的味道各有不同。

　　盡量多試試不同的咖啡豆，多試個幾次，然後找出自己喜歡的結果，找到味道之後，再多喝個幾次，直到能清楚明白心裡想要的是什麼樣的咖啡。現在是選豆子試喝咖啡，不是要你跟誰結婚，沒什麼好怕的，況且，咖啡豆也是有季節性的，現在這支豆子喝完後下次未必一定買得到。

　　在此強調一下，我個人推薦一定要買阿拉比卡的咖啡豆，因為整體品質和風味都優於羅布斯塔豆，不管是熱飲或冷萃，都不建議羅布斯塔豆。

　　總之，這個階段最重要的課題就是：用力的試喝，找出你喜歡或是你不喜歡的豆子，當開始有了一些心得之後，可再向這些豆子的咖啡商家或烘豆師請益討教，他們都會很樂意和你分享的。

好咖啡的祕密——水質

我們現在已經明白，好的咖啡豆對於咖啡風味有多麼重要了，接下來我們要討論的可能會把你嚇一大跳，沒錯，就是水。你知道嗎，一般我們每天日常在喝的白開水，未必如我們想像中那麼樣的乾淨。

在一杯咖啡裡，其中有 98% 是水，由此可知水對於咖啡的重要了，這也是為什麼我們會特別談論到水。

水的硬度，一般是依照視水中礦物質（minerals）含量的多寡而定，我們通常會將水分為硬水和軟水，當我們使用同樣的豆子和萃取方法，但若用了兩種不同水質的水，那麼萃取出來的咖啡味道便會有所不同。

開始好奇了吧，水質對於咖啡有這麼大的影響，若真要精確研究，還可以繼續討論水裡的碳酸鹽、不同礦物質的比例、硬度等，但現在暫且先別把水搞得那麼複雜。

沖泡咖啡到底該用什麼水？

如果你是個很龜毛很挑剔的人，你很可能會用 RO 逆滲透水來沖泡咖啡，希冀能先清除水中的礦物質，以確保水質純淨無虞，但一般這麼做的人不多，所以在此暫時先不討論 RO 水。通常為了水質，大多人家中都會使用簡便的水壺式過濾器，這類的濾水器其實無法濾除水中的礦物質，對水質不會有太大影響，無法改善水質過硬或過軟的問題，但倒是能有效去除水中的異味。

除了家中的自來水或飲用水，另外也有人會買市售的瓶裝水（bottled water）來沖泡咖啡，對於冷萃咖啡來說，瓶裝水算是相當不錯的選擇。一般常見的品牌都滿適用的，但有幾個條件要注意，一般冷萃咖啡對於瓶裝水的要求是，可溶性物質（TDS）要介於 80~120ppm 之間，以及酸鹼度 PH 值要在 7 左右，這些數值都可從瓶裝水的外包裝標示來檢視，符合這幾個標準的瓶裝水能讓你的咖啡風

味有穩定的品質。

　　然而，瓶裝水雖然好用，但畢竟不環保，即使是可再回收使用的塑膠瓶也是一樣。其實自己 DIY 冷萃咖啡已經算是比其他咖啡環保多了，但如果還得要使用到更多的瓶裝水，那冷萃就變得一點都不環保了。

　　除了自來水和瓶裝水以外，冷萃咖啡的用水還有第三種選擇，但或許是最困難的一種。一般專業的咖啡館大都裝設有營業用的專業濾水設備，如果你和咖啡館的人混得夠熟，可以帶空瓶去和他們要點水回家使用，切記，這個取水方法的前提是，你要是這家店的常客，不然的話，他們就會把你當成奧客了。

冷萃咖啡食譜

現在，你可能已是冷萃咖啡的絕地大師（Jedi）了，冰箱裡應該冰了大量瓶瓶罐罐的咖啡和相關物品。

冷萃咖啡會讓人失心瘋的原因在於：一旦你愛上它，就會開始一天24小時瘋狂關心著冰箱裡的那些瓶瓶罐罐，每一瓶都好想打開來試試它的風味變化。沒錯，這就是冷萃咖啡啊！

接著我們要進入更有趣的部分了，現在你比《絕命毒師》（Breaking Bad）裡的化學老師懷特還更厲害，我們馬上要來挑戰冷萃咖啡的升級版了，準備好你的咖啡，一起來看看咖啡和飲料、調酒、美食結合之後，會是什麼樣的風貌。

提醒一下，在食譜或酒譜中所使用到的冷萃咖啡，一樣是必須使用最佳品質的冷萃咖啡，千萬不可因用途不同而使用較為粗劣的咖啡豆，新鮮且烘焙適宜的豆子才能讓你的餐點或飲品得到最佳體驗效果。

水質也是一樣，我們使用的水其實包含兩個部分：水和冰塊，冰塊本來就是調酒的要角之一，例如馬丁尼（Martini）就是一款加入冰塊的調酒，不僅是增添冰涼口感而已，融化的冰也會變成水融於調酒之中，所以要留意冰塊的水質，製冰過程也應小心，別讓冰塊混入了不好的氣味而影響了酒的風味。

想像一杯內格羅尼（Negroni），入喉後苦味緩緩在舌根蔓延，隨著冰塊漸漸融化後，苦味變得和緩而圓潤，整個風味開始進入另一層次，但是，如果此時的冰塊是有異味的，這杯酒就徹底毀了，水質和冰塊的重要性即在於此。

最後，再說明一下，本書所列舉的酒譜和食譜，其實主要是為了讓冷萃咖啡更加有趣好玩，你也可依照自己的喜好，調製出專屬你自己的冷飲，不一定要完全依照書中的配方比例，不管是飲品還是餐點，主角還是我們的冷萃咖啡，希望這些酒譜菜單能夠激發出你的靈感，讓你成為一位創意十足的冷萃達人。

內格羅尼
NEGRONI

經典調酒內格羅尼源自義大利，酒譜內只有琴酒、金巴利酒、甜苦艾酒三種酒，甜味、苦味、酒味搭配起來非常平衡。話說內格羅尼雖是流傳近百年的經典酒譜，個人卻覺得非常值得加入咖啡試試，其實內格羅尼也曾出現過好幾個以咖啡取代其中一種酒的酒譜，卻不如額外等比例添加冷萃咖啡，既不會破壞原本的平衡，也讓味道更加豐富。

材料（單杯份）

琴酒（gin） 30ml（1fl oz）
金巴利酒（Campari） 30ml（1fl oz）
甜苦艾酒（sweet vermouth） 30ml（1fl oz）
冷萃咖啡 30ml（1fl oz）
柳橙皮（裝飾用）

作法

作法簡單，威士忌杯中放入冰塊，然後依序倒入所有材料，輕輕攪拌後放上橙皮裝飾。

NOTE： 在這份酒譜裡，建議使用 Antica Formula 這個牌子的苦艾酒，可以將咖啡的苦味帶得更出來。或是改以威士忌代替琴酒，試試這樣在風味上有什麼變化。

白色內格羅尼
WHITE NEGRONI

這是一杯稍加變化的內格羅尼調酒，加了濃縮咖啡果乾茶，使這杯酒更甜更活潑，但整體味道調性還是接近內格羅尼的經典風味。

材料（單杯份）

琴酒 30ml（1fl oz）
濃縮咖啡果乾茶 15ml（½fl oz）
馬丁尼純香艾酒（Martini Extra Dry）15ml（½fl oz）
蘇茲龍膽利口酒（Suze）30ml（1fl oz）
葡萄柚皮（裝飾用）

作法

威士忌杯中放入冰塊，然後依序倒入所有材料，輕輕攪拌後放上葡萄柚皮裝飾。

蟲洞
WORMHOLE

蟲洞是萊恩派瑞（Ryan Perry）為休士頓的黑洞咖啡所特別調製的雞尾酒，略帶藥草的味道有時讓人卻步，愛它的人很愛，討厭它的人完全不想碰它，如果你不喜歡藥草酒，可搭配其他的酒來試試。

材料

義大利藥草酒（Fernet Branca Amaro） 45ml（1 ½ fl oz）
冷萃咖啡 30ml（1fl oz）
萊姆汁（lime juice） 1 ½ 茶匙
蘇打水 適量
薄荷葉（裝飾用）

作法

將前三項材料依序倒入可林杯（collins glass）中，再將冰塊加至接近滿杯，於杯頂緩緩倒入蘇打水，最後放薄荷葉裝飾。

冷萃雞尾酒
COLD FASHIONED

古典雞尾酒（old fashioned）是一款歷久不衰的經典調酒，前陣子也因為電視影集《廣告狂人》（*Mad Man*）又引起大家注意。這杯酒原本應該是以波本威士忌（bourbon whiskey）來調製，可以的話不妨改用日本品牌「日華」（Nikka）生產的威士忌試試，或改用其他不同的威士忌與波本威士忌，記得喔，千萬不要忘了放上櫻桃。

材料（單杯份）

方糖 1 顆
安格氏苦精（Angostura bitters）2~3 注（2~3 dashes）
日華威士忌／波本威士忌 60ml（2 ¼fl oz）
冷萃咖啡 30ml（1fl oz）
柳橙皮（裝飾用）
酒漬櫻桃（裝飾用）

作法

將方糖、苦精與約 1ml 的水放入古典杯（rocks glass）中攪拌至溶開，冰塊加滿，再倒入威士忌與咖啡，輕輕攪拌均勻，最後再加進橙皮和櫻桃 1~2 顆。

NOTE：這杯調酒所用的咖啡，建議以帶有柑橘味道的咖啡為佳。

琴酒咖啡果乾茶沙瓦
GIN CASCARA SOUR

沙瓦（sour）是一種調酒的喝法，由基酒加上檸檬汁、糖漿所組成，這杯雞尾酒除了琴酒外，另外還搭配非常甜膩的雪莉甜酒（Sherry，我們選擇以 Pedro Ximénez 釀造的）和略帶花果味的咖啡果乾茶。

材料（單杯份）

琴酒 50ml（2fl oz）
檸檬汁 15ml（½fl oz）
雪莉甜酒 15ml（½fl oz）
蛋白 15ml（約 ½ 顆蛋白）
濃縮咖啡果乾茶 15ml（½fl oz）
葡萄柚皮（裝飾用）

作法

將琴酒、檸檬汁、雪莉甜酒、蛋白、咖啡果乾茶放入雪克杯中，加入適量冰塊均勻混合後濾出倒入酒杯中，再放上葡萄柚皮裝飾。

清酒咖啡氣泡飲
SAKE COFFEE SPRITZ

說到義大利的餐前酒 spritz，大家一定馬上會聯想到清甜爽口的艾普羅餐前酒（Aperol Spritz），現在我們就變化一下，利用日本的清酒加上氣泡酒，搭配冷萃咖啡，調製這款在白天也適合品飲的餐前酒。酒譜裡的柚子，如買不到的話，可用葡萄柚來代替。

材料（單杯份）

清酒 50ml（2fl oz）
冷萃咖啡 30ml（1fl oz）
氣泡酒 60ml（2 ¼ fl oz）
蘇打水 適量
柚子皮（裝飾用）

作法

在可林杯中放滿冰塊，將前三項材料依序放入，再由杯頂倒入蘇打水即可，最後取一段柚子皮置於杯緣裝飾。

白色俄羅斯
WHITE RUSSIAN

白色俄羅斯也是一款經典咖啡調酒，由伏特加（Vodka）、咖啡香甜酒（coffee liqueur）加上鮮奶油調製，美國電影《謀殺綠腳趾》（*The Big Lebowski*）裡綽號督爺（the dude）的主角就超愛白色俄羅斯。我們用蘭姆酒和冷萃咖啡取代伏特加和咖啡香甜酒，來試試這款雞尾酒中的甜品。

材料（單杯份）

香料蘭姆酒（spiced rum）60ml（2 ¼ fl oz）
咖啡濃縮液 30ml（1fl oz）
低脂鮮奶油 30ml（1fl oz）

作法

在古典杯中放滿冰塊，倒入蘭姆酒和咖啡濃縮液後充分攪拌融合，接著馬上輕柔倒進鮮奶油，讓鮮奶油在杯液上呈現一種漂浮的感覺。

清酒咖啡馬丁尼
SAKE COFFEE MARTINI

日本清酒以米製作，現在相當受注目，有其獨特的香氣和味道，在馬丁尼裡以清酒取代苦艾酒，會是一種很奇妙的組合，再加上咖啡能完美融合清酒及琴酒的草本味道，如此就成了一杯經典的馬丁尼。

材料（單杯份）

琴酒 60ml（2 ¼fl oz）
冷萃咖啡 15ml（½fl oz）
清酒 15ml（½fl oz）
酸梅／綠橄欖（裝飾用）

作法

先將雪克杯放滿冰塊，倒入琴酒、清酒、咖啡，均勻攪拌後將酒液倒入馬丁尼杯中，再放上酸梅或綠橄欖裝飾。

NOTE：請選擇口味清爽、帶有花香的咖啡，像是衣索匹亞的豆子就很適合搭配清酒。酸梅則是用日式鹹酸梅。

雪莉咖啡果乾茶馬丁尼
SHERRY-RINSED CASCARA MARTINI

馬丁尼有「雞尾酒之王」的雅號，將琴酒加上一點點甜苦艾酒，就可享受一杯美好優雅的馬丁尼了，馬丁尼的調製方式變化很多，現在介紹的絕對會名列你的最愛，琴酒搭上略帶香甜的咖啡果乾茶，和較不甜的雪莉酒，是非常棒的獨家配方。

材料（單杯份）

琴酒 60ml（2 ¼fl oz）
濃縮咖啡果乾茶 15ml（½fl oz）
菲諾雪莉酒（fino sherry）1 注
葡萄柚皮（裝飾用）

作法

先將雪克杯放滿冰塊，倒入琴酒和濃縮咖啡果乾茶一起均勻攪拌，馬丁尼杯冰杯後，倒入 1 注的雪莉酒，稍微搖晃酒杯讓雪莉酒濕潤杯壁，然後到掉多餘的酒（喝掉我們也沒什麼意見啦）。將剛剛攪拌好的琴酒和咖啡果乾茶倒入酒杯中，最後加上葡萄柚皮裝飾。

波本奶昔調酒
HARD SHAKE

借用奶昔概念的「酒＋冰淇淋」調酒，近年又開始流行，但不同的是，現在的奶昔調酒都用食物調理機來處理，少了那麼點手搖的味道。我們也以新元素──咖啡濃縮液，為經典的波本奶昔調酒演繹出不同風味。

材料（單杯份）

波本威士忌 30ml（1fl oz）
冷萃咖啡濃縮液 30ml（1fl oz）
香草冰淇淋 5 球
巧克力苦精 少許
黑巧克力碎片 （裝飾用）

作法

將前三項材料放入調理機打勻，最好找個較為復古的聖代杯來盛裝，然後撒上一些碎巧克力點綴即可，這杯要小心別被小朋友喝掉囉。

NOTE：香草冰淇淋建議要挑選一下，冰淇淋愈好吃，這杯酒就會愈好喝。另外，要選用可可含量高於 70% 的黑巧克力。

小酒館
PETIT CAFE

很多人都愛綠色沙特勒茲酒（green Chartreuse）的味道，其實這支酒和咖啡類飲品也很速配，這是調酒師愛爾曼（H. Joseph Ehrmann）在 2006 年「沙特勒茲調酒大賽」（Chartreuse Cocktail Competition）的作品，想像一下，愛爾蘭咖啡（Irish coffee）遇上白色俄羅斯會是什麼風味。

材料（單杯份）

綠色沙特勒茲酒 30ml（1fl oz）
冷萃咖啡濃縮液 50ml（2fl oz）
高脂鮮奶油（打發）60ml（2 ¼fl oz）

作法

在裝滿冰塊的雪克杯中加入綠色沙特勒茲酒和咖啡濃縮液，攪拌後將酒液倒至紅酒杯中，最後放上鮮奶油就完成了。

咖啡琴通寧
ESPRESSO GIN & TONIC

琴通寧（Gin & tonic）是一款流傳已久的基本調酒，近來也出現了咖啡通寧（Espresso tonic）的類似喝法，這次我們突發奇想，要將這兩款冷飲結合在一起。琴酒的廠牌、咖啡豆的選擇、要加檸檬還是別的水果，這次都由你自由發揮了。

材料（單杯份）

琴酒 30ml（1fl oz）
冷萃咖啡濃縮液 30ml（1fl oz）
通寧水 適量
調味、裝飾用水果

作法

可林杯中加滿冰塊，再加進琴酒和咖啡，最後緩緩倒入通寧水。可依所選用的咖啡，搭配適合的水果調味或裝飾。

NOTE：帶有可可和堅果香氣的巴西咖啡，和檸檬的風味是兩種截然不同的味道，但搭在一起十分對味；如果用衣索比亞的豆子，可切一片芒果來帶出咖啡的花果香。快試試看！

奈洛比沙瓦
NAIROBI SOUR

紐約沙瓦（New York sour）這款調酒的發源地其實不是紐約，而是早在 70 年代的芝加哥，酒譜裡的紅酒，我們改用了果酸調性接近的肯亞咖啡來調製，整杯酒的風味還是滿相近的，但水果香氣更為豐富。

材料（單杯份）

波本威士忌 60ml（2 ¼fl oz）
檸檬汁 30ml（1fl oz）
糖漿（作法請見第 86 頁）15ml（½ fl oz）
蛋白 30ml（約 1 顆蛋白）
肯亞冷萃咖啡 25ml（3/4fl oz）
酒漬黑櫻桃（裝飾用）
檸檬皮（裝飾用）

作法

雪克杯中放入威士忌、檸檬汁、糖漿、蛋白，待充分搖晃混合後，再加入冰塊，繼續搖晃至酒液變冰，然後將酒液倒進古典杯中，上方再慢慢倒入肯亞咖啡，最後放上黑櫻桃，檸檬皮切成長條裝飾即完成。

金巴利咖啡蘇打
CAMPARI & COFFEE SODA

誕生於 1860 年的金巴利酒是一支苦到不行的藥草酒，紅色酒汁同時帶著香甜和多種藥草、花草香氣，酒的配方在 2006 年經過調整，即不再使用胭脂蟲體內的紅色素來當作染色劑。

金巴利加上蘇打水是義大利人的日常飲品，和氣泡酒一樣，在白天也很多人飲用，如果加進咖啡，會讓酒的苦味再增添了點層次。

材料（單杯份）

金巴利酒 60ml（2 ¼fl oz）
冷萃咖啡 30ml（1fl oz）
蘇打水 適量
柳橙片 （裝飾用）

作法

可林杯中放入冰塊至八分滿，再加入金巴利酒和咖啡，最後倒入蘇打水，再以柳橙片裝飾。

Cross Continental Co., Ltd.
Not Merely Living

美國製
Coldwave 終極速冰壺

60 秒瞬冰至 5℃ 原味封存 | 不氧化不稀釋

▶ 冰咖啡製作終極解法 | 60 秒直達 5℃ | 全球咖啡達人一致推薦 ◀

▶ 咖啡界聖經作者 James Hoffmann 品嘗 Coldwave 效果說讚 ◀

▶ 星巴克總部鑑賞師 Ryan McDonnel 評為冰咖啡未來 ◀

▶ 美國麻州在地製造 — 麻省理工學院技術團隊 ◀

- 全球瞬冰最強：60～90秒 - 高溫瞬冰至約5℃像冰箱拿出
- 全球最大容量：475c.c. - 高溫瞬冰量950c.c. 常溫2,850c.c.
- 易使用：放入內芯就變冰
- 不稀釋不氧化原味冰封 - 咖啡、茶、酒、果汁樣樣行
- 表面易潔處裡過水不殘留

使用簡單（取出、放入、倒出）

1. 置內芯於冷凍庫三小時以上（內外壺一起時間需雙倍）
2. 取出將熱飲倒入壺內（不超出藍色指示線）
3. 放入內芯
4. 高溫飲料60 - 90秒達約5℃ / 常溫飲料30秒
5. 倒出原味冰飲。

詳細內容，請參考產品官網 https://coldwave.com.tw

墨西哥咖啡
MEXICAN COFFEE

梅茲卡爾酒（Mezcal），也是一款產自墨西哥的龍舌蘭酒，但其知名度較不如特基拉酒（Tequila），帶有一點煙燻味的梅茲卡爾通常是單喝為主，但也相當適合做成雞尾酒。這次我們用略帶苦味的吉拿酒（Cynar）和雪莉酒，再加上咖啡，做一杯屬於大人的調酒，這杯墨西哥咖啡也可在杯緣抹上一層鹽，會有另一種風味。

材料（單杯份）

梅茲卡爾酒 50ml（2fl oz）
吉拿酒 25ml（¾ fl oz）
冷萃咖啡（墨西哥豆子較佳）15ml（½ fl oz）
菲諾雪莉酒 15ml（½ fl oz）
安格氏苦精 3~4 注
柳橙皮（裝飾用）

作法

可林杯中放滿冰塊，將所有材料依序加入並攪拌，切一長條柳橙皮調香裝飾即完成。

義式咖啡馬丁尼
ESPRESSO MARTINI

義式咖啡馬丁尼絕對可以名列當代經典調酒之一，只是或許有的人會對酒裡面所用的咖啡有點疑問，這杯調酒最神奇的是它的誕生背景，在 1980 年代的倫敦蘇活區（Soho），著名調酒師布瑞索（Dick Bradsell）應客人「讓我清醒，再讓我嗨到翻」的要求，而臨時調出了這杯酒。加了咖啡果乾茶的義式咖啡馬丁尼，也同樣讓人清醒、讓人瘋狂。

材料（單杯份）

伏特加 50ml（2fl oz）
咖啡濃縮液 30ml（1fl oz）
濃縮咖啡果乾茶 20ml（⅝ fl oz）
咖啡豆（裝飾用）

作法

雪克杯中放滿冰塊，加入所有材料混合均勻，雪克杯的溫度變冰後，將酒液倒於馬丁尼杯中，最後再放幾顆咖啡豆點綴裝飾。

咖啡卡琵莉亞
COFFEE CAIPIRINHA

卡琵莉亞是巴西最具代表性的調酒，所用的基酒也正是巴西的國酒——卡夏莎酒（cachaça），卡夏莎主要原料是甘蔗，是一款酒精濃度高的蒸餾酒，和蘭姆酒很類似。這杯卡琵莉亞雞尾酒，我敢打賭加了冷萃咖啡之後會更夠味。

材料（單杯份）

萊姆 半顆（切成萊姆角備用）
砂糖 1 茶匙
冷萃咖啡濃縮液 25ml（¾fl oz）
白卡夏莎酒 60ml（2 ¼fl oz）

作法

先將糖和 2~3 個萊姆角放入古典杯裡，再加入酒和咖啡，然後均勻攪拌，最後加入冰塊即可飲用。

咖啡派對雞尾酒
COFFEE PUNCH

派對雞尾酒（punch）是派對裡常看到的一大壺或一大缸的調酒，最大賣點就是，這是開趴專屬的雞尾酒，一般喝起來都是色澤誘人、輕盈順口，好喝的派對雞尾酒能夠賓主同歡，讓大家留下深刻印象。這款咖啡雞尾酒，會讓你在今晚的派對裡率先給大家一個驚喜。

材料（5 杯份）

莓果類水果（berries）200g（7 oz）
砂糖 1~2 大匙（依口味調整）
冷萃咖啡 300ml（10fl oz）
紅酒 1 瓶
黑刺李琴酒（sloe gin）100ml（3 1/2fl oz）
威士忌 150ml（5fl oz）

作法

挑好適用的雞尾酒缸後，放入水果和糖稍作攪拌，讓砂糖溶解，然後將所有材料倒入酒缸中，攪拌均勻後即完成。

NOTE：建議可用肯亞的咖啡豆，跟莓果類的水果很搭，酒體輕、果味多的紅酒，會和咖啡有互補的效果，加美（Gamay）的酒會是不錯的選擇。

波特咖啡雞尾酒
PORTER COFFEE COCKTAIL

最近愈來愈常在調酒裡看到啤酒這個元素了，不少酒吧都會有幾款啤酒雞尾酒，麥芽風味厚實特殊的波特啤酒（porter），和咖啡是氣味相投的好朋友，再遇上威士忌及甜苦艾酒，讓這杯波特更具深度。

材料（單杯份）

波本威士忌 30ml（1fl oz）
冷萃咖啡 60ml（2 ¼fl oz）
波特啤酒 90ml（3fl oz）
甜苦艾酒 15ml（½ fl oz）
巧克力苦精 2~3 注

作法

可林杯中放入冰塊至八分滿，依序倒入所有材料後攪拌均勻即可。

愛爾蘭咖啡
IRISH COFFEE

愛爾蘭咖啡是一杯要加熱的熱調酒，從 1940 年代即開始流傳至今，咖啡界每年的盛事——世界盃咖啡調酒大賽（World Coffee In Good Spirits Championship, WCIGS），就將愛爾蘭咖啡列為比賽指定項目。今天我們要來點不一樣的，試試冷的愛爾蘭咖啡吧。

材料（單杯份）

糖漿（作法請見 NOTE） 15ml（½fl oz）
愛爾蘭威士忌 25ml（¾fl oz）
冷萃咖啡 175ml（6fl oz）
高脂鮮奶油（打發） 60ml（2 ¼fl oz）

作法

玻璃馬克杯中，放入糖漿和威士忌，稍作混合再將咖啡倒入均勻攪拌。利用湯匙將打發鮮奶油慢慢放置在咖啡上方即完成，可灑上碎巧克力裝飾。

NOTE： 要自己煮糖漿時，先用秤量取等量的砂糖和水，再用深平底鍋以中小火加熱，加熱過程要不時攪拌，直至糖完全溶解。煮好的糖漿冷卻後，約可冷藏保存一個月左右。

冷萃咖啡通寧
COLD BREW COFFEE TONIC

咖啡通寧可說是現在全球最流行的咖啡喝法，我們要改用冷萃咖啡來做咖啡通寧的 2.0 版，選用有柑橘、果香味的咖啡豆，這樣喝起來會比較柔和，也會比較香。

材料（單杯份）

冷萃咖啡 100ml（3 ½fl oz）
通寧水 適量
檸檬角（裝飾用）

作法

可林杯裝滿冰塊，將冷萃咖啡倒入，再緩緩倒滿通寧水，最後放入一塊檸檬角裝飾。

檸香咖啡果乾茶通寧
CASCARA BERGAMOT & TONIC

許多咖啡本身就帶有柑橘、檸檬香氣，所以柑橘類的水果和咖啡其實滿搭的，或許跟伯爵茶也很搭，今天要用香檸檬（bergamot）來做一杯有水果風味、又有點像是在喝茶的咖啡飲品。香檸檬的味道滿強烈的，不要一下加太多。

材料（單杯份）

咖啡果乾茶 100ml（3 ½ fl oz）
通寧水 適量
香檸檬原汁 1 注
香檸檬皮（裝飾用）

作法

可林杯中放滿冰塊，將咖啡果乾茶倒入，再慢慢倒滿通寧水，然後加入一注香檸檬汁，再以香檸檬皮切長條裝飾。

漂浮冷萃咖啡
COLD BREW ICE CREAM FLOAT

這漂浮冷萃咖啡不是要你把它當成早上在喝的咖啡，也不是要你天天都來上一杯，當你哪天突然想喝點甜甜的、冰冰的飲品時，這杯就是絕佳的選擇。務必請搭配那種有點老氣的彩色條紋吸管，這樣喝起來會更對味。

材料（單杯份）

冷萃咖啡濃縮液 60ml（2 1/4fl oz）
冰淇淋汽水 適量
椰子口味冰淇淋 1 球
黑巧克力碎片（裝飾用）

作法

可林杯中放滿冰塊，依序倒入咖啡和冰淇淋汽水，再放上一大球冰淇淋，最後撒點碎巧克力裝飾。

越南冰咖啡
VIETNAMESE ICED COFFEE

越南冰咖啡的做法是用越南特有的滴漏壺來過濾咖啡，完成後立即加入冰塊冷卻飲用，常跟煉乳（condensed milk）搭配一起喝，這裡提供一個可以輕鬆省事喝到越南冰咖啡的方法，只要選用深焙的咖啡豆，喝起來的味道就很像囉。雖然是深焙的豆子，但挑選時還是要注意味道的平衡。

材料（單杯份）

冷萃咖啡濃縮液 60ml（2 ¼ fl oz）
煉乳 適量

作法

在可林杯中放入適量冰塊，將咖啡濃縮液倒入後，再加煉乳攪拌即可。煉乳的味道很甜膩，只要加一點點就夠了。

大人的咖啡牛奶
GROWN-UP COFFEE MILK

這是一款簡單且無酒精的飲料,很容易會讓人想起自己的小時候。咖啡牛奶一般都用鮮奶居多,但你也可以大人一點,改用堅果奶看看,冷萃咖啡加杏仁奶(almond milk)真的是天作之合呢。

材料(單杯份)

冷萃咖啡濃縮液 50ml(2fl oz)
杏仁奶 200ml(7fl oz)

作法

可林杯中放入適量冰塊,將咖啡濃縮液倒入杯中,再加上杏仁奶即可。

NOTE:咖啡牛奶中的咖啡濃縮液,建議可挑選帶有堅果和可可味道的咖啡豆來做。

咖啡法式吐司
COFFEE FRENCH TOAST

很多人都喜歡把法式吐司當作早餐，因為法式吐司裡有蛋、奶、碳水化合物這三種營養成分，如果再加進了咖啡，那法式吐司馬上又再升級了。咖啡法式吐司，口味重點的人可以煎幾片培根（bacon）一起吃，還有一種奢華的吃法是吐司上淋一點香甜酒。

材料（兩人份）

雞蛋 2 顆
高脂鮮奶油 100ml（3 ½fl oz）
冷萃咖啡 50ml（2fl oz）
鹽 少許
刨絲柳橙皮 1 茶匙
厚片布里歐許麵包（brioche）4 片
奶油 適量
培根（煎至焦香酥脆，備用）

作法

取適當的容器將前五項材料倒入，輕輕拌勻後，放入麵包吸附蛋液，兩面都要，但不要沾太多以免過於濕潤。

平底鍋中放入適量奶油，以中火開始煎兩片麵包，當麵包四周呈現微焦的金黃色時，即可翻面，另一面也是煎至四周微焦中間軟嫩即可起鍋。

四片布里歐麵包煎好後，再放上煎好的培根就完成了，記得要趁熱吃喔。

香辣咖啡荷蘭醬
SPICY COFFEE HOLLANDAISE

這個荷蘭醬配方是源自於倫敦一家我很喜歡的早午餐店——費爾茲餐館（Fields cafe），他們家的荷蘭醬最特別的是用了義式咖啡和美國的是拉差辣椒醬（sriracha sauce），當然，完整的荷蘭醬配方我沒法知道，這次介紹的是味道稍微清淡點的做法，但這加了咖啡的荷蘭醬，同樣是和菠菜水波蛋非常速配的。

材料（兩人份）

奶油 100g（3 ½oz）
蛋黃 2 顆
冷萃咖啡 50ml（2fl oz）
鹽 少許
檸檬汁 適量
Tabasco 辣醬 適量

作法

將奶油放進平底鍋以小火加熱，奶油融化後，將表面的小浮泡去除，留下乾淨的奶油液體保溫備用。

將蛋黃、咖啡、鹽、檸檬汁和水倒入耐熱盆並輕柔迅速攪打，再將耐熱盆隔水加熱，這整個過程要持續攪拌，注意別讓盆底接觸到熱水，否則溫度過高可能讓蛋黃凝固。

攪拌完成後，慢慢加入剛剛備用的融化奶油，一次約一大匙，持續攪拌直到奶油和所有材料完全混合，最後用少量辣醬或檸檬汁來調味。

榛果咖啡餅乾
COFFEE & HAZELNUT COOKIE

這些圓圓的可口小餅乾叫做露西亞里（ricciarelli），是義大利西耶那（Siena）的傳統甜點，原本的配方裡是用上了杏仁，這次因為有加了咖啡的關係，我們改用榛果來代替杏仁，更能增添風味。

材料（約 15 片）

去皮榛果 150g（5 ½fl oz）
蛋白（要挑大顆的蛋）1 顆
細砂糖 150g（5 ½fl oz）

糖粉（需過篩） 100g（3 ½fl oz）
泡打粉 ½ 茶匙
冷萃咖啡濃縮液 1 大匙

作法

烤箱先預熱至攝氏 180 度，烤盤先鋪上烤盤紙。

　榛果以食物調理機打成細顆粒狀，蛋白打發至乾性發泡。

　將打好的榛果與砂糖、糖粉、泡打粉、咖啡濃縮液均勻混合，然後分批拌入打好的蛋白中，拌勻後即成餅乾麵團，此時麵團如太溼，可多加點糖粉。

　將麵團均分成 15 等分，搓揉成球狀，平均鋪放在烤盤上，然後稍微按壓整平塑形，就可進烤箱了。

　烘烤時間為 10~15 分鐘，待餅乾邊緣呈金黃色就差不多了，餅乾冷卻後應該是外酥內軟的口感，如放在密封罐裡大約可保存 2 天。

咖啡雪莉沙巴翁
SHERRY CASCARA ZABAGLIONE

沙巴翁不難做，只是比較累人而已，這道甜膩又帶著酒精的甜品，幾乎跟任何餐點都很搭，而加了咖啡果乾茶之後的沙巴翁，更是出奇的美味。

材料（4 份）

蛋黃 4 顆
黑糖 50g（1 ¾ oz）
雪莉酒（oloroso sherry）100ml（3 ½fl oz）
咖啡果乾茶 50ml（2fl oz）
小餅乾（備用）

作法

取一耐熱容器放入蛋黃與黑糖，隔水加熱，盆底不要接觸到熱水，持續攪打至有光澤感。

轉小火，加入雪莉酒和咖啡，並持續攪打至有膨鬆感即可。將打好的沙巴翁分裝於 4 個小碟，上面再放幾片餅乾就完成了。

咖啡奶酪
COFFEE PANNA COTTA

咖啡是這道甜點的主角,此時是真正可以展現冷萃咖啡風味的時候了。或者,也可以藉著奶酪所搭配的淋醬、果物,來詮釋咖啡豆的風味,例如,若你是用肯亞的豆子,你可以幫咖啡奶酪搭配一點熬煮過的莓果;如是哥倫比亞豆,可以煮一點柳橙糖漿來搭配。

材料（6 杯份）

吉利丁片 1 ½ 片
高脂鮮奶油 350ml（1 ¾oz）
全脂牛奶 75ml（2 ½fl oz）
冷萃咖啡濃縮液 50ml（2fl oz）
糖粉 50g（1 ¾ oz）

作法

將吉利丁泡於冷水中約 5 分鐘,待吉利丁軟化後,將剩餘的水倒掉。

將其他材料倒入平底鍋裡,以小火慢慢加熱,一邊煮一邊攪拌。當開始有點白煙冒出時,就可離火,此時加入剛浸泡過的吉利丁,繼續攪拌,至吉利丁片完全溶解。把煮好的奶酪倒入 6 個模型杯中,冷藏約 4 小時。奶酪要脫模食用時,可先在熱水中泡一下,可方便脫模。

義大利迷你咖啡多拿滋
MINI COLD BREW DOUGHNUTS

齊普歐里（Zeppole）是義大利人在聖若瑟節（St Joseph's Day）會做的代表性甜點，和美式迷你甜甜圈有些類似，平常在義大利街邊也可以買到，這次我們用了荳蔻、咖啡，再加一點柳橙，來增添它的風味。

材料（25 份）

中筋麵粉 140g（5 oz）
泡打粉 2 茶匙
鹽 少許
小荳蔻粉 ¼ 茶匙
細砂糖 50g（1 ¾oz）
刨絲柳橙皮 1 茶匙

冷萃咖啡 50ml（2fl oz）
全蛋 2 顆
瑞可達乳酪 125g（4 ½oz）
油（油炸用）
糖粉（裝飾用）

作法

麵粉過篩後，與泡打粉、鹽、荳蔻粉、砂糖一起置於鋼盆裡，拌入砂糖和柳橙皮攪拌均勻。

取另一鋼盆將咖啡和蛋先混合均勻，再與瑞可達乳酪拌入其他乾粉材料打至濕性發泡。

準備一鍋油，用油炸鍋或平底鍋來炸麵糊，油溫約攝氏 190 度，每次舀一茶匙麵糊下鍋，一匙即為一顆的量，一次下鍋不要超過 3 顆，炸好的多拿滋可先放在吸油紙上，上桌前可篩一點糖粉裝飾。

提拉米蘇
TIRAMISU

我們可不能漏了最廣為人知的咖啡甜點，提拉米蘇在義大利文裡的意思是「喚醒我」，只喝冷萃咖啡一樣有提神效果，做成甜點風味當然更好。

材料（6 杯份）

蛋黃 4 顆
細砂糖 75g（2 ¾oz）
馬沙拉酒（marsala）150ml（5fl oz）
高脂鮮奶油 350ml（12fl oz）

馬斯卡彭起司（marscarpone）450g（1lb）
手指餅乾 250g（9 oz）
冷萃咖啡濃縮液 300ml（10fl oz）
黑巧克力粉 （篩粉用）

作法

取四顆蛋黃置於耐熱盆中打散，然後加入細砂糖繼續打至均勻溶解，加入馬沙拉酒和鮮奶油，將鮮奶油蛋液隔水加熱，並注意盆底不要接觸到熱水，攪打至黃色濃稠狀即可。再將馬斯卡彭起司加入冷卻蛋液中，充分混合成起司內餡，拌勻後備用。

手指餅乾浸泡入咖啡濃縮液後迅速拿起，表面吸附濃縮液但又不至於過度溼軟，先在容器底部鋪滿一層餅乾，接著再鋪一層起司內餡，然後用同樣方式將容器一層一層鋪滿即可。

最後篩上一層黑巧克力粉就完成了，做好的提拉米蘇至少要冷藏 2 小時以上，但建議冰過一晚之後會更好吃。

咖啡巧克力塔
COFFEE CHOCOLATE TART

咖啡和巧克力一向都是好搭檔，怎樣才能做出風味絕佳的咖啡巧克力塔呢？挑選好一點的豆子，或是自己搭幾支單品豆來做看看，又或者加點水果或香料來提味。請發揮你的創意，做個味道獨特的咖啡巧克力塔吧。

材料（6 人份）

黑巧克力 225g（8 oz）
高脂鮮奶油 225ml（8fl oz）
黑糖 2 大匙
奶油 50g（1 ¾oz）
冷萃咖啡濃縮液 75ml（2 ½fl oz）
預先烤好酥脆塔皮 1 片

作法

先將巧克力打碎備用，鮮奶油以小火加熱至開始融化時，離火，並將碎巧克力加入，攪拌後稍微放涼 1~2 分鐘備用。

將其餘材料與巧克力均勻混合至滑順帶光澤感，此時塔餡便完成了，將餡料倒入塔皮，冷卻後放入冰箱冷藏 2 小時即可食用。

咖啡焦糖威士忌淋醬
BOURBON COFFEE SAUCE

世上還有什麼比焦糖威士忌淋醬更美味的東西呢？有的，就是加了咖啡的焦糖威士忌淋醬，不僅美味，更是百搭，鬆餅、冰淇淋⋯⋯等等，配什麼都好吃啦！

材料（6 人份）

細砂糖 250g（9 oz）
奶油 50g（1 ¾ oz）
高脂鮮奶油 100ml（3 ½fl oz）
波本威士忌 50ml（2fl oz）
冷萃咖啡濃縮液 50ml（2fl oz）
片狀海鹽 少許

作法

將糖放入不沾平底鍋以中火加熱，當糖開始融化時，就要開始一邊加熱、一邊攪拌，當糖的顏色變深時，離火，這步驟要很小心，燒焦只是一瞬間的事。

再將其他材料全部加入鍋中，再開火加熱，攪拌約 1 分鐘後，待所有材料均勻融合並呈光澤感即完成。

超美味咖啡醃醬
COLD BREW MARINADE

不管是夏天的烤肉聚會，還是冬天熱騰騰的烤雞大餐，美味的醃料配方是家家戶戶所必備的。冷萃咖啡能使醃醬風味更具深度，而且適用多種不同肉類，無論是排骨、肋排、牛排或是其他大塊肉，只要以咖啡醃醬醃製好後，在冰箱放上一晚，隔天就能直接開火煎烤了。

材料（約 250ml 份量）

醬油 1 大匙
大蒜 2 顆（打碎備用）
紅酒 100ml（3 ½fl oz）
冷萃咖啡 100ml（3 ½fl oz）
黑糖 1 大匙
橄欖油 1 大匙
現磨黑胡椒粒 適量

作法

所有材料先放進塑膠袋或是淺的盤子裡混合好後，讓將肉均勻沾抹醃醬，然後將袋子或盤子密封後放入冰箱醃製一晚即可。

索引

中英名詞對照

小荳蔻　　　　Cardamom，又稱三角荳蔻、印度荳蔻。

中筋麵粉　　　Plain flour，蛋白質含量介於低筋和高筋麵粉之間，也可以取用等量的
　　　　　　　高筋與低筋麵粉混合替代。

手指餅乾　　　Sponge fingers

片狀海鹽　　　Sea salt flakes

巧克力苦精　　Chocolate bitters，苦精是將藥草及辛香料浸漬於烈酒中製作而成，常
　　　　　　　用於調酒中調和增添風味。

吉利丁片　　　Gelatine, leaves of，或稱為明膠。

低脂鮮奶油　　Single cream，脂肪含量約 20%，通常用於加入咖啡或烹調用。

烤盤紙　　　　Baking paper，或稱為烘焙紙。

高脂鮮奶油　　Double cream，脂肪含量約 48%。

細砂糖　　　　Caster sugar，如果沒有現成的話，將一般砂糖放入食物調理機中攪打
　　　　　　　一分鐘即可。

酥脆塔皮　　　Shortcrust pastry case，使用市售冷凍塔皮預先烘烤即可。

黑巧克力　　　Dark chocolate，可可含量約 62-70% 的巧克力。

黑糖　　　　　Soft brown sugar，沒有經過完全精煉及未經離心分蜜的帶蜜蔗糖。

瑞可達乳酪　　Ricotta，起源自義大利，嚴格來說並不算是乳酪，而是乳酪製作過程
　　　　　　　的副產品，口味較為清爽，但容易腐壞。

糖粉　　　　　Icing sugar，通常用於甜點表面裝飾。

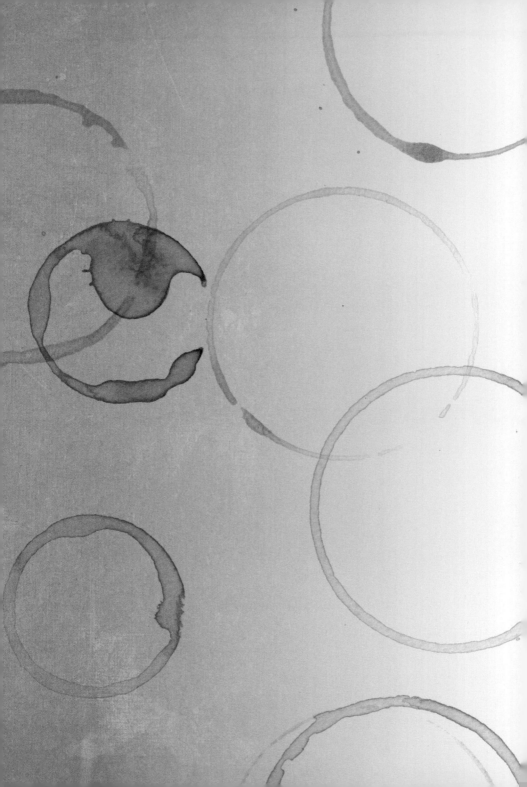

食譜注意事項

本書所列酒譜或食譜之量匙單位，均以國際標準測量單位為計量標準：

1 大匙（1 tablespoon）= 15ml

1 茶匙（1 teaspoon）=5ml

食譜中秤量單位同時提供英制與公制單位，方便讀者依使用習慣擇一採用。

使用到雞蛋的部分，若無特別標明即為中型蛋（約 50g），此外，食品衛生相關單位建議雞蛋應煮至全熟或經高溫滅菌後再食用，本書有部分食譜使用生蛋或半熟蛋製作，請於製作、保存或食用時特別注意，尤其是孕婦、哺乳中婦女、相關疾病患者、年長者及嬰幼兒。

食譜中標示使用烤箱需預熱的時間及溫度為一般烤箱，若使用旋風烤箱請參考使用手冊調整時間及溫度。

書中包含使用到堅果及堅果加工食品的食譜，不適合堅果過敏者食用，另外這些過敏原可能對孕婦、哺乳中婦女、相關疾病患者、年長者及嬰幼兒造成影響，請盡量避開使用堅果或堅果油的配方。若使用市售現成原料也請特別留意成分標示。

Cold Brew 冷萃咖啡

掌握精品咖啡新潮流的基本方法，從挑豆、研磨、基本器材到萃取，
進一步創新花式咖啡、調酒及甜點的經典不敗配方

原文書名	Cold Brew Coffee
作　　者	Chloë Callow
譯　　者	梁禎

總 編 輯	王秀婷
主　　編	廖怡茜
版　　權	向艷宇、張成慧
行銷業務	黃明雪、陳彥儒

發 行 人	涂玉雲
出　　版	積木文化
	104 台北市民生東路二段 141 號 5 樓
	電話：(02) 2500-7696｜傳真：(02) 2500-1953
	官方部落格：www.cubepress.com.tw
	讀者服務信箱：service_cube@hmg.com.tw
發　　行	英屬蓋曼群島商家庭傳媒股份有限公司城邦分公司
	台北市民生東路二段 141 號 11 樓
	讀者服務專線：(02)25007718-9｜24 小時傳真專線：(02)25001990-1
	服務時間：週一至週五 09:30-12:00、13:30-17:00
	郵撥：19863813｜戶名：書虫股份有限公司
	網站：城邦讀書花園｜網址：www.cite.com.tw
香港發行所	城邦（香港）出版集團有限公司
	香港灣仔駱克道 193 號東超商業中心 1 樓
	電話：+852-25086231｜傳真：+852-25789337
	電子信箱：hkcite@biznetvigator.com
馬新發行所	城邦（馬新）出版集團 Cite（M）Sdn Bhd
	41, Jalan Radin Anum, Bandar Baru Sri Petaling, 57000 Kuala Lumpur, Malaysia.
	電話：(603) 90578822｜傳真：(603) 90576622
	電子信箱：cite@cite.com.my

國家圖書館出版品預行編目 (CIP) 資料

Cold Brew 冷萃咖啡：掌握精品咖啡新潮流的基本方
法，從挑豆、研磨、基本器材到萃取，進一步創
新花式咖啡、調酒及甜點的經典不敗配方／Chloë
Callow 著；梁禎譯. -- 初版. -- 臺北市：積木文化出
版：家庭傳媒城邦分公司發行, 2018.07
　面；　公分
譯　自：Cold brew coffee : techniques, recipes &
cocktails for coffee's hottest trend
ISBN 978-986-459-126-8（平裝）

1. 咖啡

427.42　　　　　　　　　　　　　　107002786

Cold Brew Coffee by Chloë Callow
First publishing in Great Britain in 2017 by Mitchell Beazley,
a division of Octopus Publishing Group Ltd.
Carmelite House, 50 Victoria Embankment, London, EC4Y 0DZ
Text and design copyright © Octopus Publishing Group 2017
Illustrations copyright © Emma Dibben 2017
Chloë Callow asserts the moral right to be identified as the author of this work.
All rights reserved.

內頁排版　劉靜慧

2018 年 7 月 1 日　初版一刷
售　價／NT$380

ISBN　978-986-459-126-8
有著作權·侵害必究